NOUVEAUX APPAREILS
ÉLECTRO-MAGNÉTIQUES.

IMPRIMERIE DE BACHELIER,
rue du Jardinet, n° 12.

NOUVEAUX APPAREILS
ÉLECTRO-MAGNÉTIQUES,

POUR LESQUELS L'ACADÉMIE ROYALE DES SCIENCES A, DANS SA SÉANCE PUBLIQUE DU 26 NOVEMBRE 1832,

DÉCERNÉ UN PRIX

A M. **PIXII** (HIPPOLYTE).

La description de ces appareils, qui se construisent chez Pixii, se trouve dans l'article suivant, extrait du *Bulletin de la Société Philomatique*, décembre 1832.

L'appareil qui fut le premier construit, pour être présenté à la commission de l'Académie des Sciences, a été placé dans le cabinet du Collége de France, sur la demande de M. le professeur Ampère; il est composé d'un aimant qui porte 120 kilogrammes. Le prix est de............... 1200 fr.

Le *deuxième* a été fait pour le cabinet de l'École Polytechnique, avec un aimant portant 60 kilogrammes.

Le prix est de.. 700 fr.

Le *troisième*, pour le cabinet de la Faculté de Médecine, est formé avec un aimant portant 30 kilogrammes.

Le prix est de.. 500 fr.

Nota. On en a déjà fait plusieurs de ce dernier prix pour divers établissements.

On en fait de plus petits, qui donnent également un courant d'étincelles continues, mais ne décomposent pas l'eau.

Le prix est de.. 180 fr.

Ces appareils sont construits de manière que l'on peut en détacher l'aimant mobile, et y laisser l'étrier garni du fil *cuivre et soie*, qu'on aimante par une batterie voltaïque, pour lui faire porter un poids qui varie de 25 à 500 kilogrammes, suivant la force de la batterie.

Cet appareil peut remplacer la pile avec avantage. Dans son emploi comme traitement médical, il fonctionne en tout temps, sans emploi d'acide, sans aucune préparation, et sans aucune détérioration.

Sur les nouveaux Phénomènes d'Induction électrique, par M. Hachette.

Découverte des courants électriques.

On forme un *courant électrique* en faisant communiquer les extrémités d'une pile ou d'une batterie voltaïque, par deux fils métalliques dont les deux bouts sont réunis, ou seulement séparés par un liquide conducteur d'électricité. Ce courant n'a pas de tension électrique sensible, et néanmoins il exerce une puissante action chimique sur les liquides dans lesquels les fils métalliques sont plongés. Les premières observations sur les effets chimiques d'un courant électrique, sont dues à Nicholson, qui les a publiées dans son *Journal de Physique*, cahier de mai 1800. Un autre phénomène qui mettait en évidence la puissance d'un courant électrique, a été le sujet d'une lettre que j'ai adressée à Fourcroy, le 3 juin 1801, et qui est imprimée dans le XIe cahier du *Journal de l'École Polytechnique*, page 291. M. Thénard et moi avons observé à cette époque, que les bouts des fils métalliques communiquant avec les extrémités d'une pile voltaïque, étaient portés à la température rouge à l'instant où ils étaient réunis. Quoique les effets d'un courant électrique fussent bien connus, l'existence de ce courant n'a été signalée et reconnue que 19 ans après, par M. OErsted, de Copenhague, qui a le premier observé qu'*un fil métallique continu, mis en communication avec les extrémités d'une pile ou d'une batterie voltaïque, ne manifestait aucune tension électrique sensible, et néanmoins attirait ou repoussait à distance une aiguille aimantée suspendue*. Cette grande découverte a été annoncée, par son auteur, dans un écrit latin qui a pour titre : *Experimenta circa effectum*, etc. Juin 1820.

Définition de l'Induction.

On savait depuis long-temps que deux aimants suffisamment rapprochés agissaient l'un sur l'autre par influence, et que leur action mutuelle était constante, tant que leur distance ne changeait pas. M. Ampère, auteur d'une nouvelle théorie électro-magnétique fondée sur l'identité des fluides électrique et magnétique, a pris pour base de sa dynamique ce fait important, qu'il a publié il y a environ douze ans, que des fils métalliques traversés chacun par un courant électrique, s'attiraient ou se repoussaient, selon que les courants étaient dans le même sens ou en sens contraires. (Académie des Sciences, septembre 1820.)

Cette découverte a été suivie de celle-ci, qu'on doit à M. Faraday (mémoire de novembre 1831), que deux fils métalliques, l'un traversé par un courant électrique, l'autre à l'état naturel, exercent une action mutuelle, lorsqu'ils satisfont à la condition de changer continuellement leurs positions respectives, par un mouvement imprimé aux deux fils en même temps, ou à l'un d'eux seulement. Cette action n'est sensible que dans deux instants, celui où les fils entrent dans leur sphère d'activité, et celui où ils en sortent. La cause de ces phénomènes instantanés a été désignée, par MM. les Rédacteurs des *Annales de Chimie et de Physique*, sous le nom d'*induction*, pour la distinguer d'une cause semblable qui produit sur les corps, indépendamment de l'état de repos ou de mouvement, des effets constants qu'on attribue à l'influence électrique ou magnétique.

M. Faraday a aussi démontré le premier que les aimants naturels ou artificiels jouissaient, comme les courants électriques, de la propriété de former des courants par induction. (*Voyez* la Notice historique, page 97 du *Bulletin de la Société Philomatique*, année 1832.)

Les principaux phénomènes d'induction qu'on obtient au moyen d'un aimant, sont la production d'une étincelle électrique et la décomposition de l'eau. Les expériences qui mettent en évidence ces nouvelles propriétés de l'aimant, peuvent maintenant être répétées en présence du plus nombreux auditoire, à l'aide des appareils nouvellement construits par M. Pixii, que nous allons décrire.

Appareils pour la production d'une étincelle électrique au moyen d'un aimant.

M. Faraday a le premier produit une étincelle électrique avec un aimant. Une pièce cylindrique en fer doux fut pliée, et ses bouts soudés, pour former un anneau, qu'il aimanta par le courant d'une batterie voltaïque. On couvrit une partie de cet anneau de mousseline, et sur la mousseline on roula en spirale un fil de cuivre accouplé avec un cordonnet, de manière que ce fil était isolé et du fer et de ses propres spires. On appliqua sur cette première spirale une toile de mousseline qui fut encore enveloppée par une seconde spirale composée, comme les premières, d'un fil de cuivre et d'un cordonnet. Une troisième spirale étant disposée de la même manière, on a réuni les bouts de ces trois spirales, par deux fils métalliques qui furent prolongés jusqu'aux capsules à mercure qui représentent les pôles de la batterie. Aussitôt qu'on plongeait ces fils dans le mercure, la portion de l'anneau couverte par les trois spirales était fortement aimantée. La longueur du fil pour chaque spirale était de 7 $\frac{3}{10}$ mètres, et son diamètre de 2 millimètres. La portion de l'anneau non couverte par ces spirales peut être considérée comme l'*étrier* de la portion aimantée. On enroula sur cet étrier un fil de cuivre du diamètre de 2 millimètres et de la longueur de 18 mètres, en ayant soin qu'il fût isolé et du fer et de ses propres spires; les extrémités de ce fil furent rapprochées et séparées seulement par du charbon.

A l'instant où l'on plongeait les bouts des spirales de la partie aimantée de l'anneau, dans le mercure placé aux pôles de la batterie, on apercevait *une étincelle* entre les extrémités du fil enroulé sur la portion *étrier* de l'anneau. (*Voyez* art. 27 et 32 du mémoire cité de M. Faraday, novembre 1831.) La batterie voltaïque était formée de cent plaques (cuivre et zinc) à double cuivre, chacune de 68 centimètres carrés.

Dans cette expérience de M. Faraday, on emploie un anneau en fer doux, que nous venons de considérer comme formé de deux pièces chacune de la forme d'un fer à cheval, toutes deux aimantées, la première par un courant électrique, la seconde par l'*influence magnétique*; ces deux pièces ne forment sur l'anneau qu'un seul solide, mais on peut supposer, 1° que l'anneau est coupé dans sa partie nue, qui sépare les deux portions couvertes de spirales, et que la section soit le joint commun de ces deux portions; 2° que la portion aimantée ou soumise à l'influence directe de la batterie, soit remplacée par un aimant en acier trempé; cette hypothèse est vérifiée par l'expérience suivante.

M. Faraday a composé (art. 36 et 37 de son mémoire) un aimant en acier trempé, avec deux barreaux aimantés, longs chacun de 61 centimètres; ces barreaux étaient réunis, par les pôles opposés, au sommet d'un angle aigu, et un étrier en fer doux fermait l'angle en touchant les deux autres pôles opposés. Un fil de cuivre, couvert d'un cordonnet isolant, et long de 3 mètres, était enroulé sur l'étrier, et les extrémités de ce fil étaient attachées aux deux bouts du fil du galvanomètre. Selon qu'on établissait ou qu'on rompait le contact de l'étrier en fer doux avec les barreaux d'acier trempé et aimanté, le galvanomètre indiquait la présence du fluide électrique.

On pourrait s'étonner qu'après avoir aimanté l'anneau en fer doux avec une très forte batterie, M. Faraday n'ait pas tenté de disposer son appareil pour obtenir une suite d'étincelles électriques aux extrémités du fil enroulé sur la partie de cet anneau que nous avons nommée *étrier*; il préféra continuer ses recherches électro-magnétiques. On connaît mieux maintenant les circonstances qui favorisent la production de l'étincelle électrique. L'anneau de M. Faraday était d'un trop petit diamètre (15 centimètres extérieurement); le fil enroulé sur la partie *étrier* de l'anneau était trop court : il n'avait en longueur que 18 mètres. Puis l'étincelle devait traverser l'épaisseur d'une lame ou d'une pointe en charbon. Si les bouts du fil avaient été réunis, et que par une petite combinaison mécanique on les eût séparés en même temps qu'on aurait plongé dans le mercure des pôles de la batterie, les bouts des spirales enroulées sur la partie aimantée de l'anneau, il n'y a aucun doute que l'étincelle électrique aurait paru à chaque séparation des bouts du fil enroulé sur l'étrier. Plus simplement, on pouvait tenir à la main les bouts du fil enroulé sur l'étrier, les réunir et les séparer continuellement en les faisant glisser à frottement l'un sur l'autre, tandis qu'une autre personne aurait plongé et retiré successivement les bouts des premières spirales dans les coupes de mercure placées aux pôles de la batterie; cette double manœuvre aurait encore produit une suite d'étincelles.

Les appareils de M. Faraday pour la production de l'électricité au moyen d'un aimant, n'ont été connus en France que cinq mois après l'impression de son mémoire du 24 novembre 1831; une lettre du 17 décembre 1831, adressée par M. Faraday à M. Hachette, contenait seulement l'annonce de cette découverte.

Un journal, *le Temps*, qui rend un compte exact des séances de l'Académie, publia, dans sa feuille du 28 décembre 1831, l'extrait de la lettre de M. Faraday, que M. Hachette avait déposée sur le bureau de l'Académie, dans la séance du 26. Cette feuille parvint à MM. Nobili et Antinori, de Florence. Un mémoire italien de ces deux savants, portant la date du 31 janvier 1832, et ayant pour titre : *Sur la force électromotrice du magnétisme*, a paru dans le journal *dell' Antologia di Firenze*, cahier de novembre 1831. Ce mémoire a été traduit en français, et publié dans les *Annales de Chimie et de Physique*, tome XLVIII, cahier de décembre 1831. (Les dates des journaux scientifiques sont souvent antérieures à celles des mémoires qu'ils contiennent, à cause des retards d'impression et de publication.)

Pendant que MM. Nobili et Antinori faisaient leurs expériences à Florence, M. Forbes entrait aussi dans la carrière ouverte par M. Faraday. Le résultat de ses recherches est consigné dans un mémoire intitulé : *Account of some experiments in which an electric spark was elicited from a natural magnet* (en français : Expériences sur l'étincelle électrique, produite par un aimant naturel) ; ce mémoire a été lu à la Société royale d'Édimbourg, le 16 avril 1832.

Dans le paragraphe 2 du mémoire cité de MM. Nobili et Antinori, qui a pour titre : *Étincelle magnétique* (*voyez* page 417 du tome XLVIII des *Annales*), ces savants ont décrit un moyen simple et fort ingénieux, de leur invention, pour obtenir une étincelle électrique au moyen d'un aimant en acier trempé; l'étincelle était produite au moment de la séparation de l'aimant et de son étrier en fer doux.

Un autre appareil imaginé postérieurement par M. Faraday (juin 1832) donne l'étincelle au moment de la réunion de ces deux pièces. Ces deux appareils ont été construits par M. Pixii, avec quelques modifications. M'étant assuré qu'ils remplissaient bien leur objet, je vais les décrire.

Production de l'étincelle électrique dans les moments de séparation ou de contact d'un aimant en acier trempé et de son étrier en fer doux.

Première expérience, par la séparation; deuxième expérience, par le contact.

La première expérience se fait de la manière suivante. On prend : 1° un aimant du poids de 1 kilogramme, capable de porter cinq fois son poids; 2° un étrier en fer doux du poids d'environ $\frac{1}{2}$ kilogr. L'aimant est une pièce plate d'acier, pliée en fer à cheval ; la largeur de cette pièce est de 25 millimètres, son épaisseur de 8 millimètres, la hauteur totale de 21 centimètres. L'écartement des deux bouts polaires est de deux centimètres.

L'étrier de l'aimant est une pièce cylindrique en fer doux, pliée en fer à cheval. Le diamètre de cette pièce est de 2 centimètres; les deux branches parallèles, portant deux bobines aussi de fer doux et de même diamètre intérieur, ont de longueur chacune 5 $\frac{1}{2}$ centimètres; chaque bobine est comprise entre deux rondelles de cuivre du diamètre de 35 millimètres; ces rondelles sont destinées à retenir le fil de cuivre habillé de soie et enroulé dans le même sens sur les deux bobines. La partie courbée de l'étrier est à nu. La longueur du fil enroulé est de 75 mètres. (200 mètres de ce fil pèsent un kilogramme.)

On fait deux petites ouvertures, l'une sur le coude de l'aimant et l'autre sur le coude de l'étrier ; on y introduit les bouts du fil enroulé sur les bobines, et on les fixe dans ces trous au moyen de deux petites goupilles en cuivre. Les portions du fil comprises entre les bobines et les points d'attache des bouts de ce fil sont assez longues pour que l'aimant puisse se séparer facilement de son étrier.

On met bout à bout l'aimant et son étrier ; rompant le contact brusquement, on aperçoit l'étincelle électrique sur les faces par lesquelles les deux pièces étaient réunies.

Les bouts de l'aimant et de l'étrier doivent dans cette expérience être considérés comme les deux bouts du fil de cuivre enroulé sur l'étrier. La séparation de l'aimant et de son étrier a lieu en même temps que celle des bouts du fil ; et cette coïncidence de temps est une condition nécessaire pour la production de l'étincelle électrique.

2me *expérience.* Pour produire l'étincelle électrique par le contact de l'étrier et de son aimant, on se sert de ces deux pièces disposées comme dans l'expérience précédente ; le seul changement à faire consiste dans l'arrangement des bouts du fil de cuivre enroulé sur les bobines de l'étrier ; l'un des bouts est fixé par une vis à une table en bois. A partir du point où il est attaché, il s'élève verticalement de 2 à 3 centimètres ; il est coudé à angle droit, et terminé par un petit disque de cuivre de la grandeur d'un sou. L'autre bout est aussi attaché à la table par une vis, et s'élève verticalement à partir de son point d'attache ; il est plié suivant une horizontale, et courbé à angle droit, pour descendre et venir toucher le petit disque, qui est horizontal. On amalgame le disque et le bout du fil qui le touche, pour que le contact soit bien établi.

On tient d'une main l'aimant, dont le coude est posé sur la table en bois, et de l'autre main on applique brusquement les bouts de l'étrier sur ceux de l'aimant. Le choc de ces deux pièces fait vibrer la table de bois, les bouts du fil de cuivre enroulé sur les bobines de l'étrier, ainsi que le petit disque attaché à l'un des bouts de ce fil; alors ce disque se sépare de l'autre bout du fil, en même temps qu'on établit le contact de l'aimant et de son étrier; ce qui détermine l'étincelle électrique, qu'on aperçoit sur le disque. (Voyez *Philosophical Magazine*. Londres, juin 1832.)

On voit, par ces deux expériences, que le fil de cuivre enroulé sur les bobines de l'étrier ne s'électrise que dans le moment du contact de l'étrier avec l'aimant, ou de la séparation de ces deux pièces. Cette condition est équivalente à celle-ci : il faut que l'aimant et le fil enroulé sur l'étrier aient un mouvement relatif; dès que ce mouvement relatif cesse dans la sphère d'attraction, l'induction cesse en même temps.

Dans chacune des expériences que nous venons de décrire, la distance des bouts du fil de cuivre, au moment où l'étincelle paraît, est inappréciable. Pour voir cette étincelle avec un appareil semblable à celui de M. Nobili, en tenant les bouts du fil de cuivre à une petite distance, par exemple, à 1 millimètre, il faut employer un aimant très fort, et alors on ne peut les séparer que par un effort considérable.

M. Hippolyte Pixii a obvié à cet inconvénient en construisant un appareil dans lequel l'aimant change continuellement de place par rapport à l'étrier fixe, sans autre effort que celui qui est nécessaire pour faire tourner l'un en face de l'autre; la distance de l'aimant et de son étrier est très petite, pour que l'influence magnétique soit la plus grande possible.

M. Pixii avait pris part à l'expérience de M. Pouillet, communiquée à la Société Philomatique dans la séance du 23 juin 1832, et mentionnée dans le Bulletin de cette Société, page 127. M. Pouillet avait remarqué qu'un aimant et son étrier, étant mis en présence l'un de l'autre, depuis le contact jusqu'à la distance d'un pied métrique, non-seulement l'aimant convertit par influence l'étrier en un autre aimant, ce qui est un fait bien connu, mais de plus, tant qu'il y a mouvement relatif entre les deux aimants, on détermine courant et étincelle électriques entre les deux bouts du fil enroulé sur l'aimant étrier, ces deux bouts étant suffisamment rapprochés.

Je passe à la description de l'appareil de M. Pixii, que j'ai communiquée à l'Académie des Sciences, dans sa séance du 3 septembre 1832 ; appareil qui ne sera pas moins nécessaire pour les cabinets de physique, que la machine électrique à frottoirs.

Appareils pour la production continue d'étincelles électriques au moyen d'un aimant.

Les deux pièces principales de l'appareil sont un aimant en acier trempé, et son étrier en fer doux portant un fil de cuivre couvert de soie ; elles sont disposées comme pour les expériences à une seule étincelle de MM. Nobili, Faraday et Pouillet. On fixe la partie inférieure de l'aimant, qui est coudée, à un axe vertical auquel on imprime un mouvement de rotation. L'étrier est fixe ; étant, comme l'aimant, de la forme d'un fer à cheval, la partie supérieure est coudée, et ses branches verticales viennent affleurer celles de l'aimant, sans néanmoins les toucher. On fait tourner l'aimant, au moyen d'une manivelle et d'une roue d'angle verticale qui engrène un pignon horizontal de même axe que l'aimant, lequel axe est au-dessous du coude de cet aimant. Le tout est monté sur un châssis en bois.

Les bouts du fil de cuivre enroulé sur l'étrier sont dirigés vers une capsule contenant du mercure, posée sur la traverse supérieure du châssis ; l'un des bouts plonge dans le mercure, et l'autre bout, qui n'atteint pas la surface du mercure, en est très rapproché.

Lorsqu'on fait tourner la roue d'angle, le choc des dents de cette roue contre celle du pignon fait vaciller le châssis, et ce petit mouvement se communiquant à la surface du mercure, le bout du fil de cuivre voisin de cette surface est alternativement dans l'air et dans le mercure, et lorsqu'il sort du flot de mercure, on aperçoit à son extrémité l'étincelle électrique. L'aimant tournant rapidement sur son axe, les étincelles se succèdent sans interruption.

A chaque demi-révolution de l'aimant, les deux bouts polaires *nord* et *sud* de cet aimant sont en conjonction avec ceux de l'étrier aimanté par influence; c'est pourquoi deux étincelles successives sont dues à des électricités contraires, ainsi qu'il est démontré dans le très beau mémoire de M. Faraday, du 24 novembre 1831.

L'aimant en acier trempé du poids de deux kilogrammes, en porte 12 $\frac{1}{2}$; sa section transversale est un rectangle des côtés 10 et 35 millimètres. Sa hauteur dans le sens de l'axe vertical de figure et de rotation est de 21 centimètres; l'ouverture ou l'écartement des pôles, de 2 centimètres.

L'étrier est une pièce cylindrique de fer doux coudée en fer à cheval; le diamètre des branches parallèles est de 15 millimètres, la hauteur de ces branches, d'environ 8 centimètres. La longueur du fil de cuivre enroulé sur l'étrier est de 50 mètres, et son poids d'un quart de kilogramme.

Des aimants employés pour la décomposition de l'eau.

L'acier trempé jouit de cette propriété singulière de s'aimanter, et de conserver son état d'aimantation comme un aimant naturel. Le fer doux mis en présence et dans la sphère d'activité d'un aimant naturel ou artificiel, s'aimante aussi; mais s'il était pur, il ne conserverait son état d'aimantation que sous l'influence de l'aimant. Cette propriété du fer doux est connue depuis long-temps; elle a reçu une extension considérable par l'observation que M. Arago a faite le premier, que le fer doux s'aimantait par l'influence d'un courant électrique. C'est en octobre 1820 qu'il a publié cette observation, et dix ans se sont écoulés avant qu'on ait obtenu, par ce nouveau mode d'aimantation, des aimants dont la force magnétique surpasse l'attraction moléculaire du métal non aimanté, et qui peuvent porter des centaines de kilogrammes.

C'est au cours de physique de la Faculté des Sciences de Paris pour cette année (1832), que le professeur, M. Pouillet, a fait pour la première fois, en présence de son nombreux auditoire, l'expérience dont il a été fait mention page 127 du *Bulletin philomatique* (année 1832). Une pièce en fer doux de la forme d'un fer à cheval, du poids de 8 ½ kilogrammes, a porté 450 kilogrammes, c'est-à-dire plus de 50 fois son poids. La batterie voltaïque dont M. Pouillet s'est servi était composée de vingt-quatre plaques (cuivre et zinc), chacune de 16 centimètres sur 11, ou de 176 centimètres carrés. La longueur du fil en cuivre revêtu de soie et enroulé sur le fer à cheval était de 1350 mètres.

Un seul élément voltaïque (cuivre et zinc), a produit un aimant capable de supporter 340 kilogrammes ; le couple était formé d'une plaque de zinc de 458 centimètres carrés, enveloppée par une double surface de cuivre de même dimension. M. Henry, auteur de l'expérience, a fait courber en fer à cheval une barre prismatique de 50,8 millimètres de côté, sur une longueur dix fois plus grande (508 millimètres), pesant 9 ½ kilogrammes. Il a enveloppé ce fer à cheval de neuf fils de cuivre recuits, chacun de 18 mètres de longueur sur 1 millimètre de diamètre : ces fils étaient garnis de soie pour les isoler les uns des autres et du fer à cheval. Quand le courant électrique passait dans les neuf fils, l'aimant en fer doux portait 350 kilogrammes; en diminuant le nombre de fils, la puissance de l'aimant décroissait rapidement. (Extrait du *Lycée*, n° 6, septembre 1831.)

On a observé qu'on ne changeait pas l'état magnétique d'un aimant en acier trempé, en le soumettant à l'influence d'une batterie voltaïque capable de produire un aimant en fer doux d'une plus grande force. On sait qu'une haute température détruit dans l'acier aimanté l'action magnétique; l'acier détrempé, ainsi que le fer doux, n'est plus susceptible de s'aimanter par influence, lorsque ces métaux sont suffisamment chauffés. Néanmoins la trempe est un obstacle à l'augmentation de la force magnétique dans un aimant déjà trempé; d'où il résulte qu'il est important de choisir un fer doux pur et bien homogène, pour lui imprimer par induction le *maximum* de force magnétique.

Les phénomènes d'induction que nous allons exposer exigent des aimants plus forts que ceux qui montrent l'étincelle électrique; néanmoins il suffit qu'ils puissent porter environ 25 kilogrammes; d'ailleurs ces aimants peuvent être ou d'acier trempé, ou en fer doux soumis à l'influence voltaïque. La forme de fer à cheval, pour les deux espèces d'aimant, est reconnue pour la meilleure; le rapprochement des deux pôles contribue à en augmenter la force magnétique.

De l'action chimique produite par induction. Décomposition de l'eau.

Note lue à l'Académie des Sciences le 8 *octobre* 1832, *par* M. Hachette.

On lit, art. 56 du mémoire de M. Faraday sur l'induction (novembre 1831, cahier des *Annales de Chimie et de Physique*, mai 1832), que ce savant avait en vain essayé de produire des effets chimiques par des courants électriques d'induction. Néanmoins il croyait qu'on pourrait les obtenir au moyen d'aimants plus forts que ceux dont il s'était servi, et il prévoyait que, par de nouvelles recherches, la différence qu'on a d'abord signalée entre les courants électriques ordinaires et ceux qui se manifestent par induction pourrait s'évanouir. Cette opinion, clairement exprimée dans les articles 57 et 59 de son mémoire, est complétement vérifiée par l'expérience suivante.

M. Hippolyte Pixii a monté un aimant en fer à cheval sur le bout de l'arbre d'un tour en l'air, et au moyen d'une pédale, il a fait tourner cet aimant en face d'une pièce en fer doux pliée en fer à cheval fixe; cette pièce était enveloppée par un fil de cuivre couvert de soie. On a mis les deux extrémités de ce fil en communication avec deux autres fils métalliques qui traversaient le fond d'un vase plein d'eau. Chacun de ces derniers fils s'élève dans un tube de verre de la forme d'une petite cloche renversée. L'eau contenue dans le vase et dans les deux tubes ne forme qu'une seule masse liquide. Pendant que l'aimant tourne, il agit par induction sur le fer doux aimanté, et sur le fil de cuivre revêtu de soie, et sur les deux fils placés dans les tubes de verre; la décomposition de l'eau se fait aux extrémités de ces derniers fils; les deux gaz oxigène et hydrogène s'élèvent au sommet de chaque tube.

M. Pixii a ensuite disposé son appareil de manière que chaque fil fût toujours soumis à l'influence d'un même pôle de l'aimant, et dans ce cas les gaz ne sont plus mélangés: l'hydrogène seul s'élève dans l'un des tubes, l'oxigène dans l'autre.

Il résulte de cette expérience, 1° qu'il n'est pas nécessaire, comme on le croyait, que l'action des deux électricités positive et négative soit simultanée, pour la décomposition chimique de l'eau; 2° que l'action dont la discontinuité n'est qu'instantanée peut aussi produire cette décomposition.

Ces conclusions s'accordent avec les observations faites antérieurement sur la décomposition de l'eau au moyen de la pile voltaïque. Cette décomposition a lieu quoique les substances humides ou liquides de la pile diffèrent en conductibilité d'électricité; on conçoit donc que l'eau oppose une force d'inertie à l'action électrique qui tend à la décomposer, et que pour vaincre cette inertie, il faut qu'un courant électrique, fût-il continu à sa source, agisse sur l'eau un certain temps, avant que ce liquide se décompose. Les courants électriques d'induction paraissent agir comme des courants électriques continus d'une pile voltaïque dont les plaques métalliques seraient séparées par un liquide peu conducteur.

J'ai fait voir que dans le cas où ces plaques sont séparées par des couches d'amidon légèrement humides, on obtient des piles sèches de longue durée, qui chargent le condensateur et ne décomposent pas l'eau. Quoique le courant électrique soit continu, sa vitesse est alors trop diminuée pour obtenir cette action chimique.

L'aimant employé par M. Pixii pour la décomposition de l'eau est formé de deux autres aimants en fer à cheval accouplés; chacun de ces aimants supporte 12 ½ kilogrammes, et ils pèsent ensemble 4 kilogrammes.

L'arbre du tour faisait au moins dix révolutions par seconde;

la décomposition de l'eau augmente avec la vitesse de rotation de l'aimant.

Les noyaux en fer doux des bobines sur lesquelles le fil de cuivre revêtu de soie est enroulé, ont pour section un cercle du diamètre de 4 centimètres; leur hauteur, le coude compris, est de 20 centimètres; ils forment les branches parallèles d'un fer à cheval dont l'écartement est de 11 centimètres comptés de centre à centre sur les bouts circulaires. Le fil de cuivre-soie a de longueur 400 mètres, et pèse deux kilogrammes. Les rondelles des bobines, en saillie sur les noyaux, ont de diamètre extérieur 9 centimètres; les dimensions de chacun des aimans accouplés sont les mêmes que pour l'aimant décrit page 14.

L'aimant capable de porter 100 kilogrammes, et du poids de 20 kilogrammes qui a servi pour les expériences précédentes, avait été construit par les soins de M. Pixii. Il est composé de sept fers à cheval assemblés par des brides en cuivre. Les cinq fers intérieurs sont armés d'un talon en fer doux. La longueur de l'aimant, talon compris est de 42 centimètres. L'écartement des branches du fer à cheval est de 5 $\frac{1}{2}$ centimètres. Chaque fer a d'épaisseur 1 centimètre, et 4 centimètres en largeur.

En disposant cet aimant en face d'un étrier en fer doux, comme dans la première expérience de la décomposition d'eau par un aimant portant seulement 25 kilogrammes, l'eau se décompose plus rapidement; l'étincelle et tous les phénomènes physiologiques se manifestent avec une grande intensité.

L'étrier pour cet aimant est une barre cylindrique en fer doux, pliée en fer cheval. Le diamètre de la barre est de 55 millimètres. Les branches parallèles terminées par deux rondelles en cuivre, et enveloppées par le fil de cuivre revêtu de soie ont chacune 16 centimètres de longueur. La partie nue du fer à cheval, le coude compris, est de 23 centimètres. Les rondelles de cuivre, qui retiennent le fil (cuivre et soie), ont 95 millimètres de diamètre extérieur. La hauteur de l'étrier est de 25 centimètres, son poids de 8 $\frac{1}{2}$ kilogrammes. Le fil (cuivre et soie) pèse 5 kilogrammes et a de longueur un kilomètre.

Tenant des deux mains les bouts du fil (cuivre et soie) réunis, et les séparant pendant que l'aimant tourne en face de l'étrier, enveloppé de ce fil, on voit à chaque séparation une étincelle électrique entre les extrémités du fil. Ces mêmes bouts plongeant dans un vase plein d'eau salée, et mouillant ses mains pour les plonger dans le même vase, on éprouve au moment de l'immersion une vive commotion.

Prix décerné à M. Hippolyte Pixii par l'Académie Royale des Sciences, en séance publique du 26 novembre 1832.

La commission chargée cette année de l'examen des mémoires et machines présentés pour concourir au prix de mécanique fondé par M. Montyon, était composée de MM. de Prony, Girard, Arago, Hachette et Navier. J'ai engagé M. Pixii à mettre les appareils électro-magnétiques de son invention, sous les yeux de la commission; l'Académie a, sur le rapport de la commission, accordé, à titre d'encouragement, une médaille d'or de la valeur de 300 francs, pour les dispositions ingénieuses que M. Pixii a introduites dans ces appareils électro-magnétiques; dispositions que nous avons eu principalement pour objet de faire connaître en écrivant cet article.

Ces appareils, désormais indispensables dans un cabinet de physique, se construisent et se trouvent dans l'établissement de

PIXII PÈRE ET FILS,

INGÉNIEURS CONSTRUCTEURS D'INSTRUMENTS DE PHYSIQUE, CHIMIE, MATHÉMATIQUES ET OPTIQUE,

A PARIS,

Rue du Jardinet, n° 2.

Contraste insuffisant

NF Z 43-120-14

www.ingramcontent.com/pod-product-compliance
Ingram Content Group UK Ltd.
Pitfield, Milton Keynes, MK11 3LW, UK
UKHW022212190726
13855UKWH00004B/1718

9 782013 459907